科学のアルバム

アリの世界

栗林　慧

あかね書房

もくじ

イラスト●森上義孝
栗林　慧
渡辺洋二
林　四郎
装丁●画　工　舎

科学のアルバム

アリの世界

栗林　慧（くりばやし　さとし）

一九三九年、旧満州《まんしゅう》（現在《げんざい》の瀋陽《シェンヤン》）に生まれる。
幼児期《ようじき》に日本に引き揚《あ》げ、長崎県田平町の海に面した豊《ゆた》かな自然《しぜん》の中で育つ。
子どものころより動植物に興味《きょうみ》をもち、写真を志《こころざ》し、生態《せいたい》写真家となる。
とくに、昆虫《こんちゅう》の生態や動植物の高速で動くようすを写しとめることを得意《とくい》とし、
その制作《せいさく》活動と作品は高く評価《ひょうか》され、
伊奈信男賞や日本写真協会新人賞、同年度賞、西日本文化賞などを受賞。
現在は、ビデオを用いた生態映像《えいぞう》作家としても活躍《かつやく》している。
著書《ちょしょ》に「源氏蛍《げんじぼたる》」（ネーチャー・ブックス）、
「昆虫の飛翔《ひしょう》」（平凡社）、
写真集「沖縄《おきなわ》の昆虫」（学習研究社）など多数ある。

世界中《せかいじゅう》の、野《の》や山《やま》や林《はやし》で、そして、わたしたちの家《いえ》の庭《にわ》でも、アリたちはせっせと働《はたら》きつづけています。

そんなアリたちが、どんな生活《せいかつ》をしているのか、みてみましょう。

●ナワシロイチゴの実《み》の上《うえ》にのぼって，蜜《みつ》をさがすクロオオアリの働《はたら》きアリ。

⬆春《はる》は巣《す》から運《はこ》びだされた土《つち》のつぶで、巣《す》の入《い》り口《ぐち》はもりあがった山《やま》のようになる。

⬅大《おお》きな土《つち》のつぶを、大《おお》あごでくわえてでてきた働《はたら》きアリ。運《はこ》びだした土《つち》の色《いろ》で、地面《じめん》の下《した》の土《つち》が赤土《あかつち》であることがわかる。

⬆触角《しょっかく》を動《うご》かし、けいかいしながら巣《す》からでてきた働《はたら》きアリ。安全《あんぜん》をたしかめると、えものさがしにでかける。

春《はる》、クロオオアリのおでまし

四月《がつ》、春《はる》のあたたかい太陽《たいよう》の下《した》で、草《くさ》や木《き》の芽《め》が、すくすくとのびはじめる季節《きせつ》がやってきました。庭《にわ》の土《つち》の上《うえ》などで、クロオオアリが活動《かつどう》をはじめます。

まず、巣《す》づくりです。冬《ふゆ》のあいだ、雨《あめ》や雪《ゆき》のために、くずれたり、ふさがったりしてしまったあなを修理《しゅうり》します。そして、なんびきもの働《はたら》きアリたちが、巣《す》の中《なか》から土《つち》を運《はこ》びだし、力《ちから》をあわせて巣《す》を大《おお》きくしていくのです。

でも、雨《あめ》のふる日《ひ》や、さむい日《ひ》には、あたたかい巣《す》の中《なか》にもどって、天気《てんき》が回復《かいふく》するのをまっています。

＊この本《ほん》では、おもにクロオオアリの一年《ねん》のくらしをおいかけています。クロオオアリは全国《ぜんこく》の平地《へいち》でみられ、働《はたら》きアリの大《おお》きさは七〜

➡クロオオアリが数《すう》ひきで，巣《す》からでていった。どうやら大《おお》きなえものをみつけたようだ。えもののある場所《ばしょ》をみつけたアリが，その場所《ばしょ》までなかまをつれていく。

春《はる》のめぐみをあつめにでかける

巣《す》の拡張工事《かくちょうこうじ》がいちだんらくすると、こんどは、えものさがしにでかけます。

クロオオアリは、ふだんは一ぴきずつでえものをさがしにでかけます。小《ちい》さなえものはくわえて、蜜《みつ》はおなかの中《なか》にたくわえてもちかえります。

えものが一ぴきでは運《はこ》べないほど大《おお》きいときや、たくさん蜜《みつ》があるところがわかったときには、巣《す》にかえってなかまに知《し》らせ、その場所《ばしょ》まで案内《あんない》します。

案内役《あんないやく》のアリのあとについて、巣《す》からなんびきものアリが、えものをめざしてでかけていきます。

⬅カラスノエンドウの蜜腺《みつせん》にやってきたクロオオアリ。カラスノエンドウは，花以外《はないがい》の場所《ばしょ》にも蜜《みつ》のでるところがある。

⬇蜜《みつ》をもとめて花《はな》の上《うえ》を歩《ある》く働《はたら》きアリ。蜜《みつ》がないことがわかると，またつぎの花《はな》をさがして歩《ある》きまわる。

アリはとても力《ちから》もち

アリはたいへんな力《ちから》もちです。重《おも》さが自分《じぶん》のからだの二倍《ばい》以上《いじょう》もあるえものをもちあげて運《はこ》んだり、十倍《じゅうばい》もあるえものを引《ひ》きずって運《はこ》ぶこともできます。

←ヒメウラナミジャノメのはねを運《はこ》ぶクロオオアリの働《はたら》きアリ。しかし，チョウのはねには食《た》べられるところはほとんどない。

↓石《いし》の上《うえ》で，重《おも》いミツバチの死体《したい》を引《ひ》きずって運《はこ》ぶ働《はたら》きアリ。

巣《す》にかえってきたアリが，入《い》り口《ぐち》で番《ばん》をしているアリと触角《しょっかく》をふれあって，なかまかどうかを確認《かくにん》しあっている。

同《おな》じ巣《す》のなかまだとわかり，左《ひだり》のアリが右《みぎ》のアリに蜜《みつ》をわけている。

木《き》の幹《みき》の上《うえ》で，のぼっていくアリと，おりてくるアリが途中《とちゅう》でであい，触《しょっ》角《かく》をふれあってあいさつをする。

なかまへの伝言《でんごん》

巣《す》の中《なか》のおおぜいのアリたちは、おたがいがなかまであることを、においでたしかめあいます。巣《す》の外《そと》でであったときでも、ちかづいて、瞬間的《しゅんかんてき》におたがいの触角《しょっかく》がふれあっただけで、それがわかるのです。

一ぴきのアリが、巣《す》から遠《とお》いところまででかけても、ちゃんともとの巣《す》にもどってくることができるのも、歩《ある》きながら、ときどき地面《じめん》にしりをつけて、においをくっつけているからです。

クロオオアリたちは、いつも目《め》でまわりのようすをみて、触角《しょっかく》でにおいをかぎながら行動《こうどう》しているのです。

なかまが協力《きょうりょく》しあってキリギリスの幼虫《ようちゅう》の死体《したい》を運《はこ》ぶ。一ぴきで運《はこ》べない大《おお》きなえものは、みんなで運《はこ》んだり、その場《ば》で小《ちい》さく解体《かいたい》して運《はこ》んでいく。

➡右《みぎ》は巣《す》からでてきたはねのあるおすアリ。まわりは働《はたら》きアリ。左《ひだり》はでてきた女王《じょおう》アリ。

⬆巣《す》からでてきた女王《じょおう》アリ（矢印《やじるし》）とおすアリ。

地面《じめん》から草《くさ》の上《うえ》にのぼり，はばたいて飛《と》びたとうとする女王《じょおう》アリ。

重《おも》いからだのため，なかなか地面《じめん》から飛《と》びたつことができない女王《じょおう》アリ。

女王《じょおう》アリの結婚飛行《けっこんひこう》

五~六月《がつ》、アリの巣《す》の入《い》り口《ぐち》が、きゅうにそうぞうしくなります。巣《す》の入《い》り口《ぐち》で、羽《はね》のあるアリが、でたりひっこんだりしています。おすのアリたちです。

まわりの働《はたら》きアリも、いつもとちがい、神経質《しんけいしつ》に動《うご》きまわっています。

やがて、からだの大《おお》きな女王《じょおう》アリがでてきて、働《はたら》きアリだけをのこし、みんなと空《そら》に飛《と》びたっていきます。

空中《くうちゅう》では、ほかの巣《す》から飛《と》びたったおすアリたちがまっており、女王《じょおう》アリをみつけて交尾《こうび》をします。

●上昇《じょうしょう》気流《きりゅう》をうまくつかんで，飛《と》びたつことができた瞬間《しゅんかん》の女王《じょおう》アリ。

空中《くうちゅう》で交尾《こうび》したまま，草《くさ》の上《うえ》におりてきたおすアリと女王《じょおう》アリ。このあとすぐに女王《じょおう》アリははなれていった。

おすアリは交尾《こうび》がおわると，まもなく死《し》んでしまう。このおすアリは力《ちから》つきたところでクモにつかまってしまった。

交尾《こうび》がおわったあと，はねを落《お》とす女王《じょおう》アリ。巣《す》づくりや，これからはじまる子育《こそだ》てには，はねはじゃまになるだけ。

地下《ちか》に産卵《さんらん》のための部屋《へや》ができあがり，女王《じょおう》アリは，まもなくたまごをうみはじめた。１個《こ》ずつ，やさしくたまごを引《ひ》きだす。まわりにはだれも手伝《てつだ》ってくれる者《もの》はいない。

あたらしい巣《す》づくり

空中《くうちゅう》で飛《と》びながら交尾《こうび》した女王《じょおう》アリは、地《ち》上《じょう》におりてきて、交尾《こうび》をすませます。

結婚飛行《けっこんひこう》がおわると、もう飛《と》ぶ必要《ひつよう》はありません。それに、すぐに巣《す》づくりをしなくてはならないので、はねはじゃまです。女王《じょおう》アリは、身《み》をよじって自分《じぶん》のはねを落《お》とします。

巣《す》は地面《じめん》から五センチくらいの深《ふか》さのところにつくります。およそ一日《にち》かけて小《ちい》さな部《へ》屋《や》をつくり、部屋《へや》が完成《かんせい》すると、女王《じょおう》アリはすぐに、最初《さいしょ》のたまごをうみはじめます。

からだをいっぱいに曲《ま》げた女王《じょおう》アリのしりの先《さき》から、たまごがではじめると、自分《じぶん》の口《くち》でくわえて、やさしくそっと引《ひ》きだします。

女王《じょおう》アリは歩《ある》きまわって、巣《す》にてきした場所《ばしょ》をさがし、やがてあなをほりはじめる。

⬆たまごは細長《ほそなが》い形《かたち》で，長《なが》さは約《やく》2ミリメートル。部屋《へや》の床《ゆか》においたたまごはよごれたりしないように，ときどき動《うご》かして手入《てい》れをする。

↑幼虫《ようちゅう》にえさをあたえる女王《じょおう》アリ。たまごは産卵《さんらん》から約《やく》15日《にち》でふ化《か》して幼虫《ようちゅう》になる。

たまごや幼虫《ようちゅう》の世話《せわ》

女王《じょおう》アリは一日《にち》に一個《こ》ぐらいの割合《わりあい》でたまごをうみ、十《じゅう》五個《こ》ぐらいうむと産卵《さんらん》をやめて、幼虫《ようちゅう》がうまれてくるのをまちます。

幼虫《ようちゅう》がうまれると、女王《じょおう》アリは口《くち》からミルクのようなえさをだしてあたえ、世話《せわ》をします。

↓大《おお》きく育《そだ》った幼虫《ようちゅう》は，口《くち》から糸《いと》をだしてまゆをつくり，やがてそのまゆの中《なか》で皮《かわ》ぬぎをしてさなぎになる。

働《はたら》きアリのたんじょう

もうすぐ働《はたら》きアリがうまれてくることがわかると、女王《じょおう》アリはまゆを口《くち》でくいやぶって、もうすっかり働《はたら》きアリの形《かたち》になったさなぎを引《ひ》きだしてやります。

←↓働《はたら》きアリの羽化《うか》がはじまると，女王《じょおう》アリはまゆをかみやぶって，羽化《うか》を手伝《てつだ》ってやる。ふ化《か》から約《やく》40日《にち》で成虫《せいちゅう》になる。

うまれてまもない働《はたら》きアリ。さっそく女王《じょおう》アリの手助《てだす》けをして，たまごや幼虫《ようちゅう》の世話《せわ》をしはじめる。

どんどん大《おお》きくなる部屋《へや》

働《はたら》きアリは、はじめのうちは、まだ女王《じょおう》アリからえさをもらって、巣《す》の中《なか》でたまごや幼虫《ようちゅう》の世話《せわ》をしていますが、なん日《にち》かすると、地上《ちじょう》に向《む》けてトンネルをほりはじめます。そして、地《ち》上《じょう》にでると、えさをさがしにでかけるのです。

女王《じょおう》アリがこれまで一ぴきでしていた仕事《しごと》は働《はたら》きアリが手伝《てつだ》い、なかまもふえていきます。

⇧巣《す》の拡張工事《かくちょうこうじ》をする働《はたら》きアリ。最初《さいしょ》は，地上《ちじょう》にでるためのトンネルほり。

➡ゴミをつけてカムフラージュするハリサシガメにつかまった働《はたら》きアリ。ハリサシガメは，アリのやわらかい首《くび》のところに針《はり》のような口《くち》をさして，血《ち》をすう。

クロオオアリの敵《てき》たち

動作《どうさ》がすばやく、はやく走《はし》りまわることのできるアリですが、地上《ちじょう》にでていくと、そこには敵《てき》がいっぱいで、安心《あんしん》できません。

からだ中《じゅう》に、まわりの土《つち》やゴミをいっぱいつけてまちかまえている、忍者《にんじゃ》のようなハリサシガメ、アリよりもはやい動作《どうさ》で飛《と》びかかってくるクモ、そして、すりばちのようなあなをほって、そこに落《お》ちてくるえものを、じっとまちかまえている、ウスバカゲロウの幼《よう》虫《ちゅう》のアリジゴクなどもいます。

このような敵《てき》にいちどつかまると、じょうぶなからだでできているクロオオアリも、もう助《たす》かるのぞみはありません。

⬆①アリジゴクの巣《す》に落《お》ちこんでしまったアリは，②もがけばもがくほど，まわりのかべがくずれ落《お》ちて，なかなかはいあがれない。③そうしているうちに，アリジゴクにつかまって土《つち》の中《なか》に引《ひ》きずりこまれ，血《ち》をすわれてしまう。

右《みぎ》のアリはからだを曲《ま》げて、腹《はら》のはしから蟻酸《ぎさん》を発射《はっしゃ》し、攻撃《こうげき》している。蟻酸《ぎさん》をかけられたアリは、死《し》んでしまうことがある。

巣《す》がちがうなかまとの争《あらそ》い

アリは、同《おな》じ種類《しゅるい》のアリでも、巣《す》がちがえばみんな敵《てき》です。ちがう巣《す》のアリであることは、においですぐわかるのです。

ちがう巣《す》のアリどうしが途中《とちゅう》でであうと、ときどきすごいたたかいになることがあります。クロオオアリの武器《ぶき》は、じょうぶな大《おお》あごと、しりの先《さき》から発射《はっしゃ》する蟻酸《ぎさん》という毒液《どくえき》です。

クロオオアリのたたかいは、すぐにおわってわかれてしまうこともありますが、ときにはいつまでもつづいて、たたかいのあとには、なんびきもの働《はたら》きアリの死《し》がいがころがっていることがあります。

同《おな》じクロオオアリでも、巣《す》がちがうとはげしいたたかいになる。するどい大《おお》あごや、しりからだす蟻酸《ぎさん》でたたかっている。

➡クリの木《き》の上《うえ》のアブラムシ牧場《ぼくじょう》。アリが触角《しょっかく》で、アブラムシのからだをポンポンとたたくようにふれると、アブラムシは、尾《お》のはしからアリの大《だい》すきな液《えき》をプーッとだす。その蜜《みつ》をおなかにためて巣《す》にもちかえる。

クロシジミはアブラムシ牧場《ぼくじょう》のそばに産卵《さんらん》するが，クロオオアリは，たまごや幼虫《ようちゅう》をおそったりはしない。

クロシジミの幼虫《ようちゅう》は，クロオオアリの巣《す》の中《なか》に運《はこ》ばれて育《そだ》てられる。かわりに幼虫《ようちゅう》は，ときどき尾《お》のはしから蜜《みつ》をだしてアリにあたえる。

クロオオアリのアブラムシ牧場《ぼくじょう》

ほとんどの種類《しゅるい》のアリは、草《くさ》や木《き》の上《うえ》にアブラムシの牧場《ぼくじょう》をもっています。

クロオオアリも、アブラムシがたくさんいる木《き》や草《くさ》をみつけると、そこを自分《じぶん》たちの牧場《ぼくじょう》ときめて、アブラムシのだす蜜《みつ》をもらいに、せっせと通《かよ》います。

アリが触角《しょっかく》でアブラムシのからだをたたくようにふれると、アブラムシはしりからあまい蜜《みつ》をだして、アリたちにくれます。

アリはアブラムシから蜜《みつ》をもらうかわりに、アブラムシの敵《てき》をおいはらいます。

このほかに、クロシジミの幼虫《ようちゅう》もクロオオアリにあまい蜜《みつ》をあたえてくれます。

⬆クロキクシアリ（大《おお》きさ約《やく》6ミリ）。あしにくしの歯《は》のようなかたい毛《け》がある。くさった木《き》の中《なか》や，コケの下《した》などに巣《す》をつくる。

⬇ムネアカオオアリ（大《おお》きさ8～10ミリ）。胸《むね》が赤《あか》く，形《かたち》はクロオオアリににる。木《き》の幹《みき》の根《ね》もとにあるうろの中《なか》に巣《す》をつくる。

山地《さんち》にすむアリ

山地《さんち》といっても、地方《ちほう》によっては平地《へいち》の林《はやし》のような低《ひく》いところから、千《せん》メートルをこえるような高《たか》い山《やま》まで、多《おお》くの種類《しゅるい》のアリがすんでいます。

エゾアカヤマアリなどは、もともと寒《さむ》い北海道《ほっかいどう》の平地《へいち》にいるアリですが、本州《ほんしゅう》の中部地方《ちゅうぶちほう》では気温《きおん》の低《ひく》い高山《こうざん》でみかけます。

トゲアリ(大《おお》きさ約《やく》7ミリ)。胸《むね》に6本，腹《はら》のえに2本《ほん》のとげがあるのがとくちょう。

ツノアカヤマアリ（大《おお》きさ約《やく》7ミリ）。頭《あたま》のてっぺんがへこんでいるのがとくちょう。

ミカドオオアリ（大《おお》きさ約《やく》1センチ）。林《はやし》の中《なか》のかれた木《き》や竹《たけ》の中《なか》に巣《す》をつくる。

エゾアカヤマアリ（大《おお》きさ約《やく》8ミリ）。山《やま》の草原《そうげん》や林《はやし》の中《なか》にアリ塚《づか》をつくってすむ。

シベリヤカタアリ（大《おお》きさ約《やく》3ミリ）。おなかにある4つのうすい紋《もん》がとくちょう。

オオシワアリ（大《おお》きさ約《やく》5ミリ）。林《はやし》の中《なか》に巣《す》をつくる。頭《あたま》と胸《むね》にしわがある。

平地《へいち》にすむアリ

平地《へいち》には、家《いえ》の庭《にわ》から草原《そうげん》、そして林《はやし》にいたるまで、たくさんの種類《しゅるい》のアリがすんでいます。そして、巣《す》も地《ち》中《ちゅう》に浅《あさ》くつくるものや、深《ふか》くつくるもの、木《き》の中《なか》につくるものや、きまった巣《す》をつくらないものなど、それぞれが自分《じぶん》のくらしやすい場所《ばしょ》をえらんで、すみわけをしています。

⬆トビイロシワアリ（大《おお》きさ約《やく》3ミリ）。巣《す》は，日《ひ》あたりのよい地面《じめん》につくる。えものは，その場《ば》で土《つち》をかけておおってしまう。

⬇クロヤマアリ（大《おお》きさ約《やく》6ミリ）。日《ひ》あたりのよい土地《とち》の土《つち》の中《なか》に巣《す》をつくる。春《はる》がくると，まっさきに活動《かつどう》をはじめる。

アメイロアリ（大《おお》きさ約《やく》3ミリ）。石《いし》の下《した》などにあまり深《ふか》くない巣《す》をつくる。

イエヒメアリ（大《おお》きさ約《やく》2ミリ）。細長《ほそなが》く，とても小《ちい》さなアリで，食料品《しょくりょうひん》によくくる。

クロナガアリ（大《おお》きさ約《やく》5ミリ）。巣《す》は草《くさ》があまりたくさん生《は》えていない空《あ》き地《ち》など。

オオズアリ（大《おお》きさ約《やく》4ミリ）。からだが働《はたら》きアリのなん倍《ばい》もある兵《へい》アリもいる。

トビイロケアリ（大《おお》きさ約《やく》4ミリ）。土《つち》や木《き》くずで，トンネル状《じょう》の通《とお》り道《みち》をつくる。

アミメアリ（大《おお》きさ約《やく》3ミリ）。巣《す》は地面《じめん》においてある板《いた》の下《した》や，平《たい》らな石《いし》の下《した》など。

夏《なつ》のおわりの林《はやし》の中《なか》で，カミキリムシが力つきて地面《じめん》に横《よこ》たわっていた。さっそくクロオオアリの働《はたら》きアリがやってきて解体《かいたい》して運《はこ》んでいった。

秋《あき》のおとずれ

あたたかい季節《きせつ》には、あれほど元気《げんき》に走《はし》りまわっていたアリたちも、秋《あき》になるとめっきりみかけなくなります。そして、十月《じゅうがつ》になると、かれて黄色《きいろ》くなりはじめた草《くさ》の葉《は》の下《した》に、冬《ふゆ》じたくのために、一ぴき、また一ぴきと、姿《すがた》をけしていきます。

クロオオアリも、このころにはすっかりえものさがしをやめてしまい、おなかいっぱいに栄養《えいよう》をたくわえ、これからやってくる寒《さむ》い冬《ふゆ》にそなえます。

巣《す》の中《なか》では、これからはほとんどなにもしないで、みんなで身《み》をよせあって、あたたかい春《はる》がくるまですごすのです。

⬆秋《あき》，ヒガンバナの花《はな》にのぼっていくクロオオアリの働《はたら》きアリ。冬《ふゆ》ごしのための食料《しょくりょう》をさがしに，どんなところにもでかけていく。

→メヒシバのたねを運《はこ》ぶクロナガアリ。おおいそぎで巣《す》にもちかえる。

←ススキのたねを運《はこ》ぶクロナガアリ。じょうずにもちあげて運《はこ》んでいく。

秋《あき》の働《はたら》き者《もの》の登場《とうじょう》

寒《さむ》くなりはじめて、ほかのアリたちの姿《すがた》がほとんどみられなくなった季節《きせつ》にあらわれ、元気《げんき》にせっせと働《はたら》きはじめるアリがいます。クロナガアリです。

クロナガアリはほかのアリとちがって、草《くさ》の実《み》だけを食料《しょくりょう》にしています。そのために、草《くさ》の実《み》やたねが地上《ちじょう》に落《お》ちるころをみはからって、巣《す》からでてきます。食料《しょくりょう》をためこむと、春《はる》の結婚《けっこん》のとき以外《いがい》は、つぎの秋《あき》まで巣《す》の中《なか》にとじこもってでてきません。

●クロナガアリの巣《す》の中《なか》
このクロナガアリの巣《す》の深《ふか》さは3.2メートルもあった。

↑運《はこ》びこまれたばかりのたね。これから，食《た》べられるものと食《た》べられないものとにしわけられる。

↓皮《かわ》をむいたたね。皮《かわ》がむかれてやわらかくなったたねが，クロナガアリたちの食料《しょくりょう》になる。

➡幼虫《ようちゅう》の部屋《へや》。たまごも幼虫《ようちゅう》も、そして食料《しょくりょう》も、温度《おんど》や湿度《しつど》の変《へん》化《か》にあわせて、あちこちの部屋《へや》に移動《いどう》させるので、はっきりと役割《やくわり》のきまった部屋《へや》はない。

⬅女王《じょおう》アリの部屋《へや》。巣《す》の下《した》のほうにすんでいて、働《はたら》きアリの世話《せわ》をうけながら、たまごをうむ。

ふたたび春《はる》がやってきました。巣《す》の入《い》り口《ぐち》をふさいでいた土《つち》がおしのけられ、働《はたら》きアリたちが活動《かつどう》をはじめました。

今年《ことし》は、さらになかまがたくさんふえて、巣《す》も大《おお》きくなり、にぎやかになることでしょう。

●巣《す》からでていくクロオオアリの働《はたら》きアリを，巣《す》の中《なか》からみあげて撮影《さつえい》。

*ハチからアリへ

右《みぎ》は，アリにいちばん近《ちか》いハチのなかまツチバチ。左《ひだり》は，ハチにいちばん近《ちか》いアリのなかま，オーストラリアにすんでいるキバハアリ。

アリのからだをよくみてください。色《いろ》や大《おお》きさはちがっていますが、どことなくハチと形《かたち》がにていますね。そうです。アリは、ハチに近《ちか》いなかまの昆虫《こんちゅう》なのです。そのむかし、地面《じめん》や土《つち》の中《なか》でくらしていたツチバチのなかまから、長《なが》い時間《じかん》をかけて、進化《しんか》してきたのだと考《かんが》えられています。

からだの形《かたち》ばかりではありません。アリは、ツチバチとくらしかたもにています。ほとんどのアリは、土《つち》の中《なか》に巣《す》をつくってくらしており、なかにはハチと同《おな》じように、しりに針《はり》をもっているものもいます。

アリのくらしかたの大《おお》きなとくちょうである、なかまどうしの助《たす》けあいは、一部《いちぶ》のハチにもみられることから、共通《きょうつう》の先祖《せんぞ》からわかれて、同《おな》じような性質《せいしつ》をうけついだものなのかもしれません。

なお、アリのなかまは全世界《ぜんせかい》に約《やく》一万数千種《まんすうせんしゅ》、日本《にほん》には約《やく》三百種《びゃくしゅ》いるといわれています。

●シロアリはゴキブリに近《ちか》いなかま

くさった木《き》に巣《す》をつくるシロアリの働《はたら》きアリ。

シロアリは集団《しゅうだん》で生活《せいかつ》をしていて、行列《ぎょうれつ》をつくって行進《こうしん》するところなどは、アリとよくにています。でも、ちがう種類《しゅるい》の昆虫《こんちゅう》です。

シロアリはゴキブリに近《ちか》いなかまで、地球上《ちきゅうじょう》にあらわれたのはアリより古《ふる》く、今《いま》から三億年以上前《おくねんいじょうまえ》の古生《こせい》代石炭紀《だいせきたんき》のことです。アリがあらわれたのは、今《いま》から約《やく》二億《おく》五千万年前《せんまんねんまえ》の古生代《こせいだい》ペルム紀《き》といわれています。

●アリの〝そのう（社会胃《しゃかいい》）〟

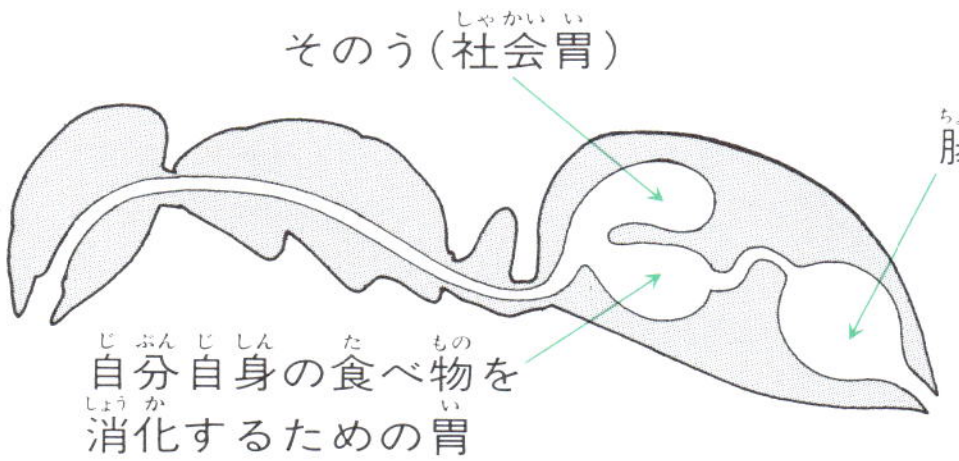

⬆アリのからだの中《なか》には２つの胃《い》がある。１つは自分自身《じぶんじしん》が活動《かつどう》するときに食《た》べ物《もの》を消化《しょうか》するための胃《い》，もう１つはなかまにもちかえる食《た》べ物《もの》を一時的《いちじてき》にたくわえるための社会胃《しゃかいい》だ。

⬆ヤブガラシの花《はな》の蜜《みつ》をのんでいるクロオオアリ。のみこんだ蜜《みつ》は，自分《じぶん》の胃《い》と，〝そのう〟とよばれる社会胃《しゃかいい》に入《い》れて巣《す》にもちかえる。

では、もうすこしくわしくアリのからだをしらべてみましょう。

●羽《はね》

左《ひだり》ページの写真《しゃしん》のアリに羽《はね》がないのは、働《はたら》きアリだからです。働《はたら》きアリは巣《す》からでたりはいったり、地面《じめん》や土《つち》の中《なか》だけでくらします。だから、羽《はね》はいらないのです。でも、巣《す》の中《なか》にいるあたらしく生《う》まれた女王《じょおう》アリやおすのアリには、ちゃんと羽《はね》があります。やがて結婚飛行《けっこんひこう》に飛《と》び立《た》つときにつかうのです。

●目《め》（複眼《ふくがん》）

アリは暗《くら》いところに巣《す》をつくっているせいか、目《め》はあまり発達《はったつ》していません。ただし、クロオオアリはわりと目《め》がみえています。また、女王《じょおう》アリとおすアリは、結婚飛行《けっこんひこう》のとき、目《め》もつかって相手《あいて》をみつけるので、働《はたら》きアリよりも目《め》が発達《はったつ》しています。

●触角《しょっかく》

目《め》にたいして、触角《しょっかく》はとてもよく発達《はったつ》しています。ものをみわけるだけでなく、味《あじ》やにおいまでかぎわけられるといわれています。えものをみつけたことをなかまに知《し》らせるときも、アブラムシのせなかをたたいて蜜《みつ》をださせるときも、そして、敵《てき》かなかまかを区別《くべつ》するときにも、触角《しょっかく》をつかいます。

●あご

からだのわりにたいへん大《おお》きくて、がんじょうな大《おお》あごをもっています。えものをおそったり、えものをくわえて運《はこ》ぶのに、

●クロオオアリの働《はたら》きアリ

➡腹柄節《ふくへいせつ》は，せまい場《ば》所《しょ》で自《じ》由《ゆう》にからだをまげるための関節《かんせつ》の役目《やくめ》をしている。

⬇複目《ふくがん》は小《ちい》さな個眼《こがん》があつまってできている。働《はたら》きアリの目《め》は女王《じょおう》アリやおすアリにくらべると小さい。

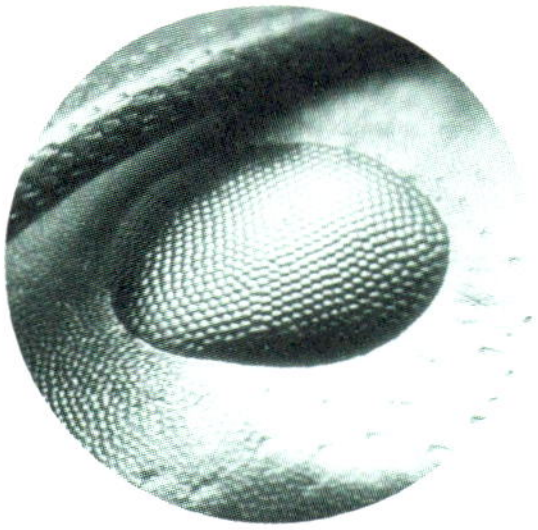

つごうのいい形《かたち》をしています。

●腹柄節《ふくへいせつ》

アリはせまい地下《ちか》のあなでくらしているので、歩《ある》きまわるときに、からだをよじったりくねらせたりしなければなりません。そのため、ハチのなかまからアリへ進化《しんか》をつづけていくうちに、胸《むね》と腹《はら》のさかいがくびれて、そこが連結器《れんけつき》のような役目《やくめ》をするようになりました。これを腹柄節《ふくへいせつ》とよんでいます。

腹柄節《ふくへいせつ》はアリの種類《しゅるい》によってちがい、こぶが一つのものと二つのものにわけられます。

●クロナガアリの巣《す》の中《なか》のたねはなぜくさらない？

暗《くら》くて深《ふか》い巣《す》の中《なか》は、温度《おんど》や湿度《しつど》があまり変化《へんか》しないうえに、アリたちはいつも〝たね〟のようすをしらべており、たくわえるのに、もっともてきした場所《ばしょ》にうつしかえるなどしています。

また、アリの巣《す》の中《なか》にいっしょにくらしているトビムシは、カビを食《た》べ物《もの》にしているので、カビがはえたらすぐに食《た》べてくれます。

それに、アリはからだから、カビや菌《きん》をふせぐ液《えき》をだしています。

⬅クロナガアリの巣《す》の中《なか》に保存《ほぞん》された草《くさ》のたね。

*アリの社会《しゃかい》

➡女王《じょおう》アリと最初《さいしょ》に生《う》まれてきた働《はたら》きアリ。女王《じょおう》アリは，たまごから働《はたら》きアリが誕生《たんじょう》するまでめんどうをみる。働《はたら》きアリが働《はたら》けるようになると，今《こん》度《ど》は働《はたら》きアリが，たまごや幼虫《ようちゅう》，さなぎのめんどうをみる。

アリは力《ちから》をあわせて巣《す》をつくったり、えものをさがしたり、それにアブラムシ牧場《ぼくじょう》をつくったり、結婚飛行《けっこんひこう》をするなど、ほかの虫《むし》とはずいぶんちがったくらしかたをしています。なかでもいちばん大《おお》きなとくちょうは、アリが社会《しゃかい》をかたちづくっていることでしょう。

ほとんどの昆虫《こんちゅう》は、たまごから生《う》まれると、すぐそのときからひとりで生《い》きていかなければなりません。だれも、幼虫《ようちゅう》のために食《た》べ物《もの》をもってきてくれるものはいません。

でも、アリはちがいます。いつも同《おな》じ巣《す》のなかまと助《たす》けあって生《い》きています。えものさがしのときだけでなく、たまごや幼虫《ようちゅう》の世話《せわ》をするときにも力《ちから》をあわせます。しかも、アリはただ力《ちから》をあわせる

⬇チョウは幼虫《ようちゅう》が食《た》べる植物《しょくぶつ》（食草《しょくそう》）などに，たまごをうみつけてそのままにして，親《おや》は育《そだ》てない。

⬇カメムシのなかまには，うんだたまごや小《ちい》さな幼虫《ようちゅう》を，しばらくのあいだオス親《おや》がまもるものがいる。

⬇ハチのなかまには，アリと同《おな》じように，なかまが協力《きょうりょく》しあって幼虫《ようちゅう》を育《そだ》てるものがいる。

1 女王《じょおう》アリ
2 新《あたら》しい女王《じょおう》アリ
3 おすアリ
4 兵《へい》アリ
5 働《はたら》きアリ
6 たまご
7 幼虫《ようちゅう》
8 さなぎ（まゆに入《はい》っている）

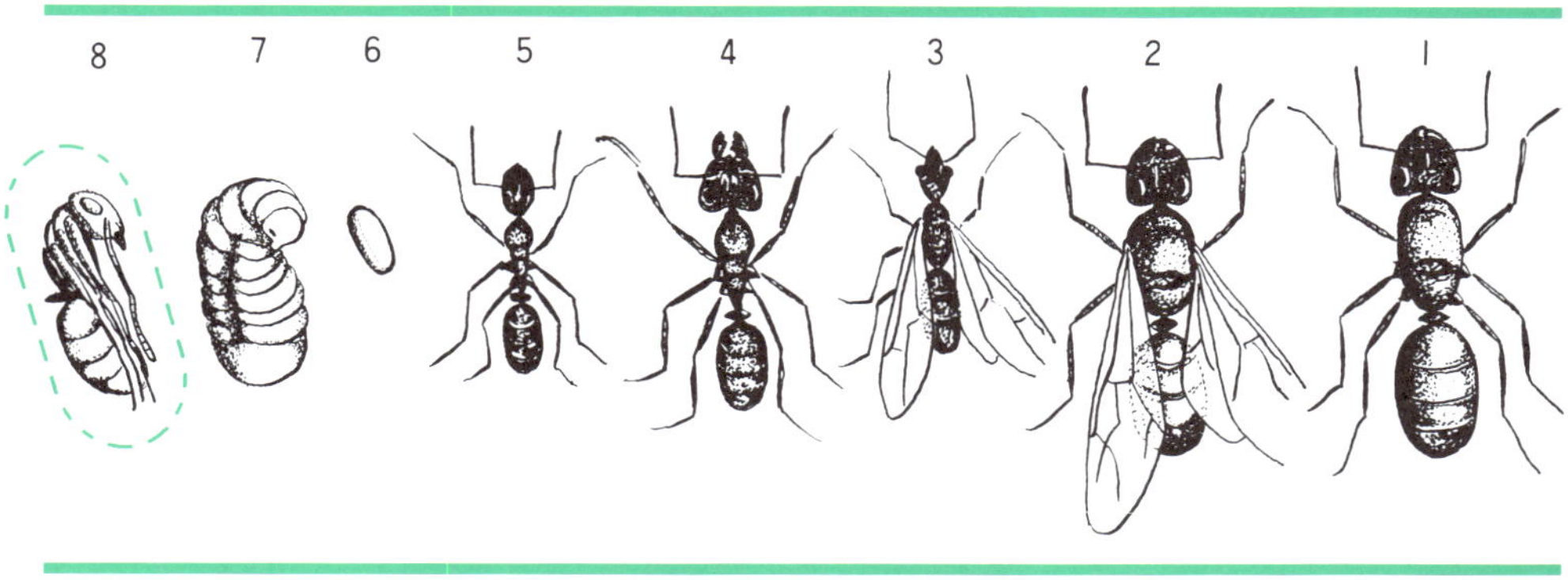

だけでなく、アリによって、それぞれちがう役目《やくめ》をもっています。

では、どんな役目《やくめ》のアリがいるのかしらべてみましょう。

●女王《じょおう》アリ

女王《じょおう》アリは、生《う》まれたときから、からだがほかのアリよりもずっと大きく、胸《むね》に羽《はね》がついています。

春《はる》から夏《なつ》にかけて、女王《じょおう》アリはおすアリたちとともに結婚飛行《けっこんひこう》に飛《と》び立《た》ちます。結婚《けっこん》がおわると地上《ちじょう》にまいおり、いらなくなった羽《はね》をおとし、石《いし》の下《した》などに自分《じぶん》だけがもぐれる小《ちい》さな巣《す》をつくります。そして、たまごをうみ、幼虫《ようちゅう》の世話《せわ》をし、働《はたら》きアリたちをふやしていくのです。働《はたら》きアリの数《かず》がふえてくると、たまごや幼虫《ようちゅう》の世話《せわ》は働《はたら》きアリたちにまかせ、たまごをうむことだけを仕事《しごと》にします。

巣《す》によってちがいますが、女王《じょおう》アリの寿命《じゅみょう》は十年《ねん》くらいで、一生《いっしょう》のあいだに十万《まん》個《こ》以《い》上《じょう》のたまごをうむといわれています。

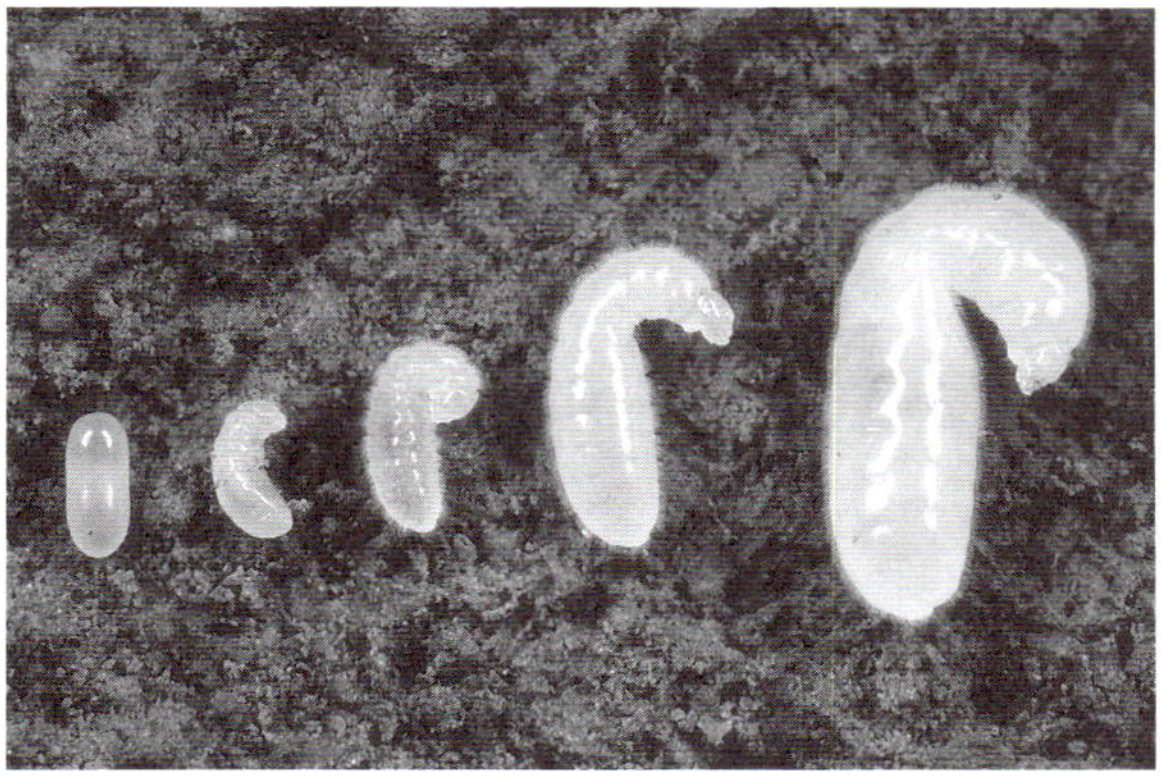

⬆たまごからかえった幼虫《ようちゅう》は4回《かい》脱《だっ》皮《ぴ》して，まゆをつくり，その中《なか》でさなぎになる。

クロオオアリの一年《ねん》

4月《がつ》

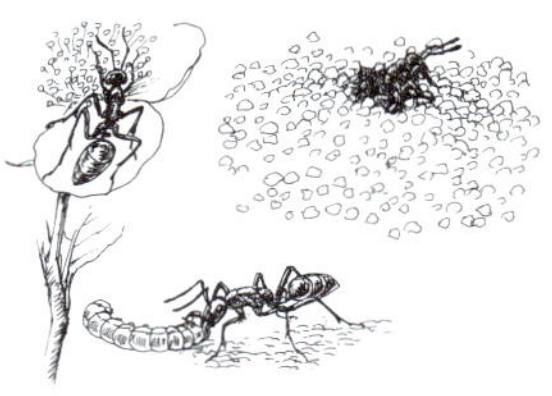

働《はたら》きアリが、巣《す》あなの入《い》り口《ぐち》をあけて、地上《ちじょう》にでてくる。

働《はたら》きアリが、花《はな》の蜜《みつ》や昆虫《こんちゅう》の死《し》がいなどをさがしにでかける。

5月《がつ》〜6月《がつ》

女王《じょおう》アリが、結婚旅行《けっこんりょこう》におすアリとともに飛《と》び立《た》っていく。

女王《じょおう》アリは、ほかの巣《す》のおすアリと交尾《こうび》する。

女王《じょおう》アリが、巣《す》をつくりはじめる。

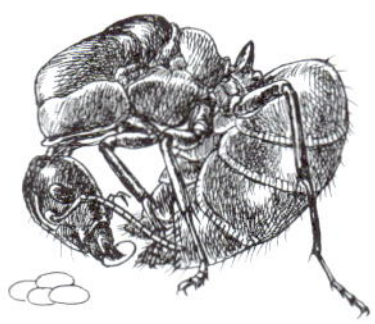

女王《じょおう》アリが、たまごをうみはじめる。一日《にち》に一個《こ》ぐらいの割合《わりあい》でうみ、約《やく》十五個《こ》うむと産《さん》卵《らん》をやめる。

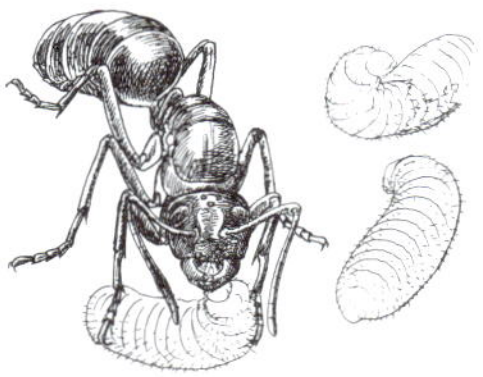

約《やく》十五日《にち》でたまごがかえり、幼虫《ようちゅう》になる。

幼虫《ようちゅう》は女王《じょおう》アリから口《くち》うつしにえさをもらう。幼虫期間《ようちゅうきかん》は約《やく》二十五日《にち》。

●おすアリ

女王《じょおう》アリが巣《す》づくりをはじめて三年《ねん》ぐらいたつと、あたらしい女王《じょおう》アリが生《う》まれてきます。ちょうど同《おな》じころ、女王《じょおう》アリよりも小《ちい》さく、やせた羽《は》アリが生《う》まれてきます。これがおすアリです。

おすアリは、巣《す》の中《なか》では働《はたら》きアリに口《くち》うつしにえさをもらうだけで、なんの働《はたら》きもしません。

おすアリの役目《やくめ》は、女王《じょおう》アリといっしょに結婚飛行《けっこんひこう》に飛《と》び立《た》ち、ほかの巣《す》から飛《と》び立《た》った女王《じょおう》アリと結婚《けっこん》することです。

おすアリは、結婚《けっこん》がすむと、すぐに死《し》んでしまいます。寿命《じゅみょう》は約《やく》六か月《げつ》。

←なかまがふえてくると、最初《さいしょ》に生《う》まれた働《はたら》きアリは地上《ちじょう》に向けてトンネルをほりはじめる。

●働《はたら》きアリ

女王《じょおう》アリが巣《す》づくりをはじめ、まもなく生《う》まれてくるのが働《はたら》きアリです。からだは女《じょ》王《おう》アリよりも小《ちい》さく、羽《はね》はありません。

幼虫《ようちゅう》がまゆをつくり、その中《なか》でさなぎになる。さなぎの期間《きかん》は約《やく》十五日間《にちかん》。

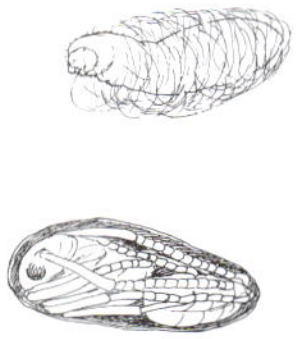

羽化《うか》して、最初《さいしょ》の働《はたら》きアリが生《う》まれる。

働《はた》きアリが、つぎつぎに生《う》まれてくる。女王《じょおう》アリにかわり、幼虫《ようちゅう》たちの世話《せわ》をはじめ、えさをさがしにもでかける。

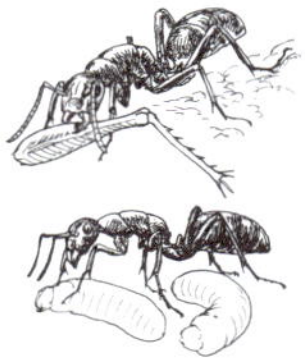

女王《じょおう》アリが、また、たまごをうみはじめる。

巣《す》づくりの仕事《しごと》もはじまり、部屋《へや》の数《かず》もふえていく。

三年《ねん》ぐらいたった巣《す》では、新《あたら》しい女王《じょおう》アリとおすアリが生《う》まれてくる。

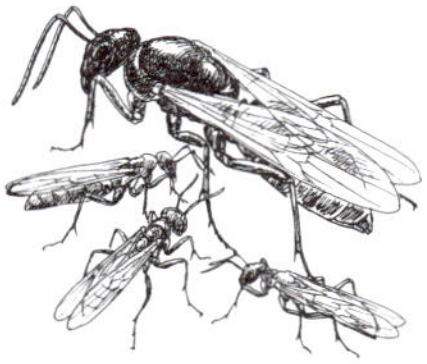

入《い》り口《ぐち》をとじて、巣《す》の中《なか》でじっとして、春《はる》がくるのをまつ。

10月《がつ》〜よく年《ねん》3月《がつ》	9 月《がつ》	7 月《がつ》 〜 8 月《がつ》

働《はたら》きアリは、生《う》まれてまもないうちから女王《じょおう》アリを助《たす》けて、たまごや幼虫《ようちゅう》、さなぎの世話《せわ》をしたり、巣《す》づくりの手《て》つだいをはじめます。

だんだん、働《はたら》きアリの数《かず》がふえていくにつれて、働《はたら》きアリの役割《やくわり》がきまってきます。巣《す》づくりの係《かかり》、巣《す》の入《い》り口近《ぐちちか》くにいて外敵《がいてき》をみはる係《かかり》などもいます。

なかには同《おな》じ働《はたら》きアリなのに、からだがとてつもなく大《おお》きく、巨大《きょだい》なあごをもったものもいます。これはおもに外敵《がいてき》とたたかう仕事《しごと》をする兵《へい》アリです。

働《はたら》きアリはみんなめすですが、たまごはうみません。女王《じょおう》アリがうんだたまごのなかで、幼虫時《ようちゅうじ》代《だい》に、とくべつなえさをもらったものがあたらしい女王《じょおう》アリになるのです。

働《はたら》きアリの寿命《じゅみょう》は一年《ねん》くらいです。

←外敵《がいてき》から巣《す》をまもる兵《へい》アリは、働《はたら》きアリよりも大《おお》あごが発達《はったつ》して、するどい武器《ぶき》になっている。

＊においをたよりに行動《こうどう》するアリ

➡今《いま》まですんでいた場所《ばしょ》が，すみにくくなって，引《ひ》っこしをするアミメアリ。地上《ちじょう》につけられたフェロモンのにおいにしたがって，ときには１キロメートルにもおよぶ長《なが》い行列《ぎょうれつ》をつくる。

アリがきまった場所《ばしょ》に行列《ぎょうれつ》をつくって、行《い》ったり来《き》たりし、また、巣《す》から遠《とお》くまででていったアリが、まよわずに自分《じぶん》の巣《す》にもどってくることができるのは、どうしてなのでしょうか。

最近《さいきん》の研究《けんきゅう》の結果《けっか》では、フェロモンとよばれるにおいの物質《ぶっしつ》が関《かん》係《けい》していることがわかっています。

アリたちは、いつもこのフェロモンをからだからだしながら歩き、そのにおいを触角《しょっかく》をつかって、かぎわけながら行動《こうどう》しているのです。

このフェロモンには、いくつかの種類《しゅるい》があるようです。たとえば、巣《す》からえさ場《ば》までの道《みち》をなかまに教《おし》えるときにだす「道《みち》しるべフェロモン」、敵《てき》などのきけんがせまったことをなかまに知《し》らせるときにだす「警報《けいほう》フェロモン」、また、結婚飛行《けっこんひこう》のときに広《ひろ》い空中《くうちゅう》でおすとめすがうまくであうためにだす「性《せい》フェロモン」などです。

ところが、アリのなかには、歩《ある》くときにフェロモンをつかわなくても、ちゃんと巣《す》にもどってくる種類《しゅるい》もいるので、すべてのアリたちがフェロモンだけにたよっているのではないようです。

ほかのアリにくらべて、目《め》がわりとよくみえているクロオオアリやクロヤマアリなどは、昼間《ひるま》は頭《あたま》の上《うえ》の太陽《たいよう》の位置《いち》をみながら歩《ある》い

まよわずに巣《す》にもどるアリ

巣《す》からでていったアリは、ときどき地面《じめん》にしりをつけて、フェロモンとよばれるにおいの物質《ぶっしつ》をくっつけます。でも、そのままフェロモンを地面《じめん》につけたのでは、地中《ちちゅう》にしみこんでにおいが消《き》えてしまいます。

そこで、あらかじめ足《あし》のうらから防水性《ぼうすいせい》の物質《ぶっしつ》をだして地面《じめん》にぬるくふうをしています。そうしてからフェロモンをくっつけるのです。

このフェロモンは、同《おな》じ種類《しゅるい》のアリでも巣《す》ごとにちがい、まちがってほかの巣《す》に入《はい》ることはありません。

フェロモンなどのにおいは，触角《しょっかく》をつかってかぎとっている。

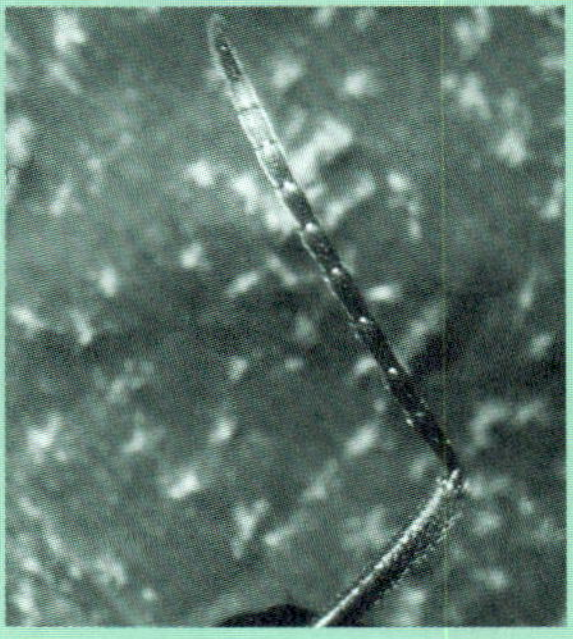

足《あし》のうらからは，防水《ぼうすい》物質《ぶっしつ》をだして地面《じめん》にぬっている。

て、帰《かえ》るときの巣《す》の方角《ほうがく》をたしかめているのかもしれません。

しかし、いずれにしても、同《おな》じ種類《しゅるい》のアリどうしがであったときに、その相手《あいて》が自分《じぶん》の巣《す》のなかまかどうかをみわけるのは、巣《す》ごとに、みんなちがったフェロモンのようなにおいの物質《ぶっしつ》があって、それにたよっていることがわかっています。

アリはおたがいの情報《じょうほう》をつたえるのに、フェロモンをはじめとするにおいの物質《ぶっしつ》を用《もち》いていることはまちがいありません。そして、においを用《もち》いるようになったのは、アリがもっぱら地面《じめん》を歩《ある》いたり、光《ひかり》のささない地中生活《ちちゅうせいかつ》をしているからなのでしょう。

ちがう種類《しゅるい》のアリを奴隷《どれい》にするサムライアリ

奴隷《どれい》がりのためにクロヤマアリの巣《す》におしよせるサムライアリ。

サムライアリはクロヤマアリを奴隷《どれい》にして働《はたら》かせ、えさを食《た》べさせてもらわなければ生《い》きていけません。そのため、巣《す》の中《なか》のクロオアリの数《かず》がへってくると、近《ちか》くのクロヤマアリの巣《す》から幼虫《ようちゅう》やさなぎをさらってきます。

種類《しゅるい》がちがうアリなのに、クロヤマアリはサムライアリの巣《す》でくらすようになります。それはサムライアリの巣《す》で生《う》まれたクロヤマアリには、すでにサムライアリの巣《す》のにおいがついているからです。それで同《おな》じなかまだと信《しん》じて、いっしょにくらすのです。

＊アリと共生《きょうせい》する生《い》きもの

↑アブラムシを食《た》べにきたナナホシテントウをおいはらうトビイロケアリ。

←カラスノエンドウの花外蜜腺《かがいみつせん》をなめているクロオオアリ。花《はな》からでる蜜《みつ》は，もっぱらハチがすいにやってくる。

ちがう生《い》きものどうしが、いっしょにくらしていることを共生《きょうせい》といいます。

共生《きょうせい》の例《れい》として、たとえばアブラムシ（アリマキ）は、自分《じぶん》のからだからだすあまい蜜《みつ》をアリにあたえるかわりに、自分《じぶん》たちを食《た》べにやってくる、テントウムシなどの敵《てき》をおいはらってもらいます。また、アリヅカコオロギはアリの巣《す》にすみ、えさをよこどりするかわりに、巣《す》の中《なか》にはえるカビなども食《た》べて、そうじ屋《や》の役目《やくめ》をしています。

しかし、共生《きょうせい》も、このようにおたがいが助《たす》けあう関係《かんけい》にある場合《ばあい》と、片方《かたほう》にとってはなんの役《やく》にもたってない場合《ばあい》があります。たとえばエイコアブラハバチのように、アブラムシのからだにたまごをうみつけるために、そこにいるアリのからだのにおいを自分《じぶん》のからだにくっつけて、アリにあやしまれずに、まんまとアブラムシ牧場《ぼくじょう》のアブラムシをとらえてしまうものもいます。

アリの世界《せかい》ではこのように、おたがいが助《たす》けあう共生《きょうせい》と、自分《じぶん》のつごうだけで、相手《あいて》をだまして、ちゃっかり同《おな》じ場《ば》所《しょ》にすみついている共生《きょうせい》とがあります。

また、植物《しょくぶつ》のなかにもアリと共生関係《きょうせいかんけい》にあるものがあります。カラスノエンドウのように花《はな》とは別《べつ》に、新芽《しんめ》の近《ちか》くに蜜《みつ》のでる場所《ばしょ》をつくり、そこにアリをよんで蜜《みつ》をあたえる植物《しょくぶつ》があります。アリは蜜《みつ》をもらうかわりに、新芽《しんめ》を食《た》べにやってくるほかの昆虫《こんちゅう》をおいはらってやります。

このほかに、たねにアリのすきなにおいをくっつけて、遠《とお》くまで運《はこ》んでもらう植物《しょくぶつ》もあります。

⬆植物《しょくぶつ》のたねを運《はこ》ぶオオズアリ。ほんとうは食《た》べられないたねなのだが，おいしそうなにおいがする物質《ぶっしつ》がついていて，そのにおいにだまされて，いっしょうけんめいにたねを運《はこ》んでいる。

●クロオオアリとクロシジミの共生《きょうせい》

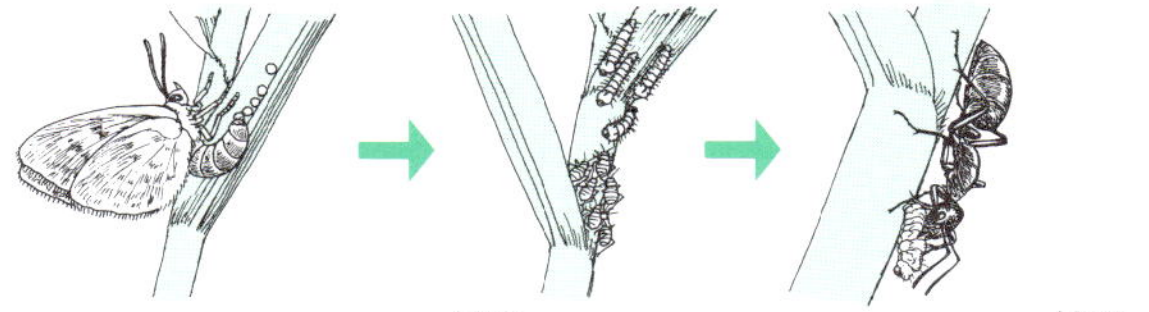

クロシジミがアブラムシ牧場《ぼくじょう》のそばで産卵《さんらん》。

幼虫《ようちゅう》はアブラムシのだす蜜《みつ》をすう。

クロシジミの幼虫《ようちゅう》を巣《す》にもちかえる。

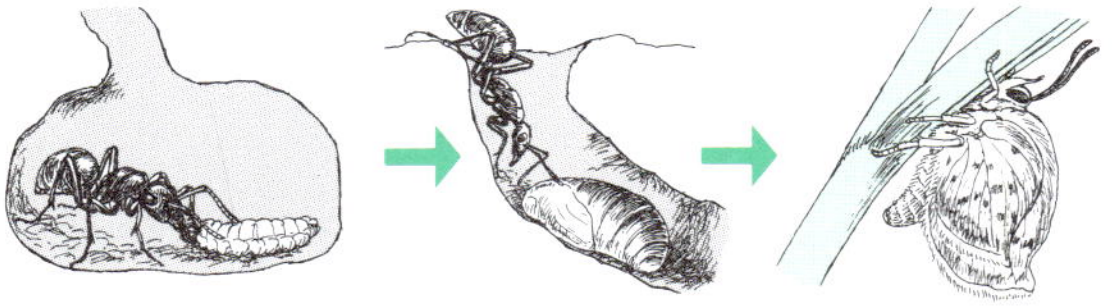

巣《す》の中《なか》でクロシジミの幼虫《ようちゅう》をそだてる。

巣《す》の入《い》り口近《くちちか》くでさなぎになる。

巣《す》のそばの草《くさ》の上《うえ》で羽《はね》をかわかす。

クロシジミは、クロオオアリが通《かよ》ってくるアブラムシ牧場《ぼくじょう》のすぐそばに、たまごをうみつけます。でも、アリはたまごやかえった幼虫《ようちゅう》をおそったりはしません。

クロシジミの幼虫《ようちゅう》は脱皮《だっぴ》して二齢幼虫《れいようちゅう》になると、腹《はら》のはしからあまい蜜《みつ》をだすようになります。するとアリはクロシジミの幼虫《ようちゅう》を巣《す》にもちかえり、えさをあたえながら育《そだ》てます。クロシジミの幼虫《ようちゅう》は蜜《みつ》をだしてアリにおかえしをします。

やがてクロシジミの幼虫《ようちゅう》は、巣《す》の入《い》り口近《ぐちちか》くでさなぎになり、羽化《うか》するといそいで巣《す》からでていき、近《ちか》くの安全《あんぜん》な場所《ばしょ》で羽《はね》をかわかすと飛《と》び立《た》ちます。

⬅アリの巣《す》の中《なか》のアリヅカコオロギは、アリのえさをよこどりするが、カビも食《た》べてくれる。アリと同《おな》じにおいをからだにつけているので、アリはなかまだと思《おも》っている。

*アリを飼育《しいく》しよう

➡アリを飼《か》うときは，巣《す》から働《はたら》きアリをつかまえてくる方法《ほうほう》がある。春《はる》は巣《す》から運《はこ》びだされたが土《つち》が，巣《す》のまわりに山《やま》になっているのでみつけやすい。しかし，巣《す》をほると，女王《じょおう》アリはどんどんおくのほうへにげてしまうので，つかまえるのはとてもむずかしい。

アリを飼育《しいく》して、そのくらしを観察《かんさつ》するのはたのしいものです。とくべつな器具《きぐ》がなくても、巣《す》をつくるようすやえものを運《はこ》ぶようす、えさをわけあうようすなど、いろいろなアリのくらしを観察《かんさつ》できます。

容器《ようき》はジャムやマヨネーズの空《あ》きびんなど、口《くち》の広《ひろ》いびんをつかってもいいですが、びんの内側《うちがわ》に土《つち》がついて中《なか》が見《み》えないことがあります。

アリのくらしをくわしく観察《かんさつ》したい人は、ガラス屋《や》さんでガラスを切《き》ってもらい、図《ず》ような飼育器《しいくき》をつくるといいでしょう。これだと、アリが巣《す》をつくったあとで、一度《いちど》ガラスをはずしてきれいにふいてから、またはめれば、いつでも中《なか》がよくみえます。もう一枚《まい》予備《よび》のガラスを用意《ようい》しておけば、そのガラスでよごれたガラスをおしだすようにして、アリを一ぴきもにがさずに、はめかえることができます。

用意《ようい》ができたら、つぎのことをかならずまもってください。①土《つち》はこまかい目《め》の金《かな》あみでふるいをかけたものをつかうこと。②飼育器《しいくき》の上《うえ》から三センチメートルくらいのところはあけておくこと。③ガラスに近《ちか》いところに、割《わ》りばしで一センチメートルくらいのくぼみをつくること。アリはそこから巣《す》をつくります。④同《おな》じ巣《す》のアリを飼《か》うこと。ちがう巣《す》のアリだとけんかをして、たがいに死《し》んでしまいます。

アリの飼育器《しいくき》

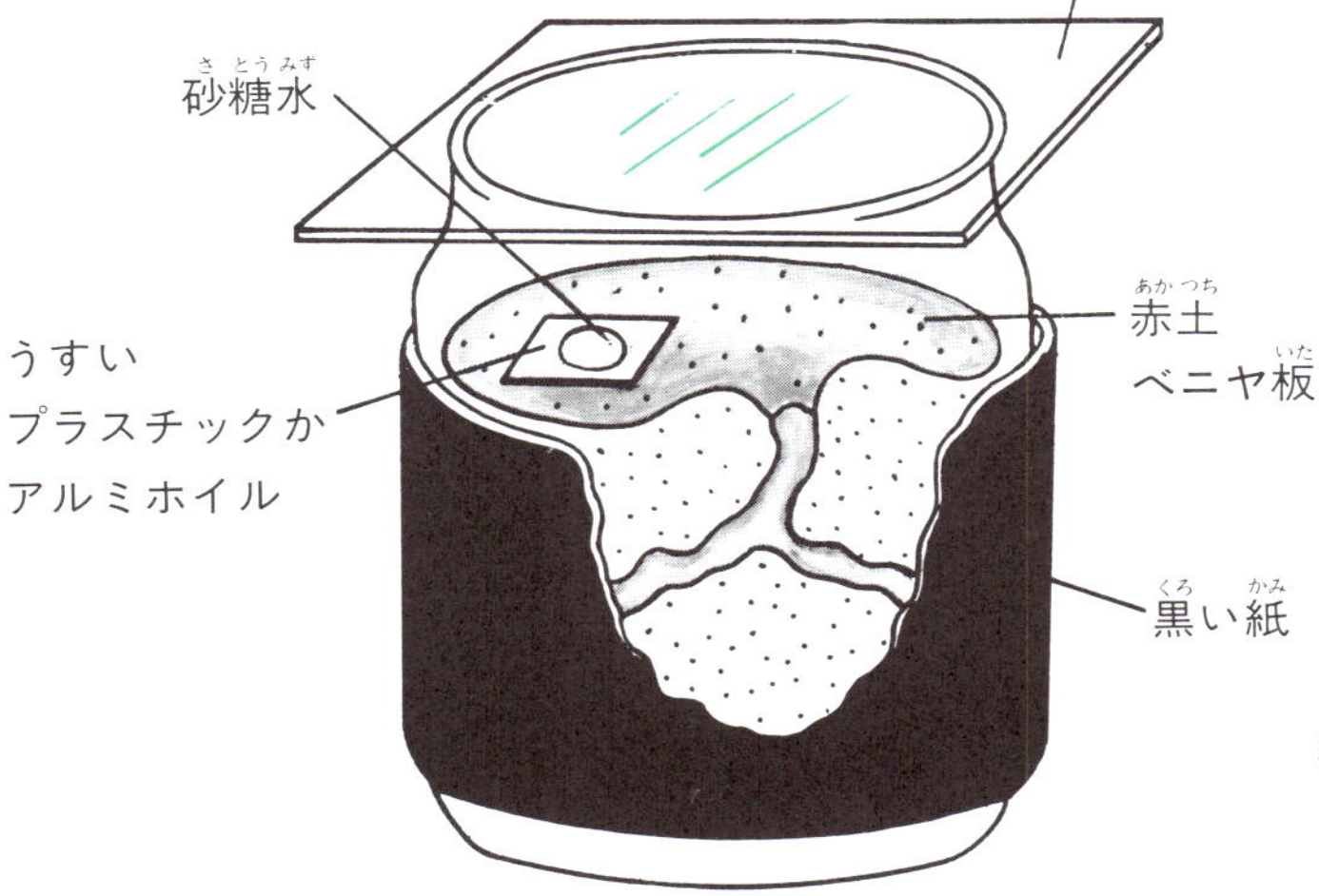
ガラスのふた

空《あき》ビンを利用《りよう》したもの

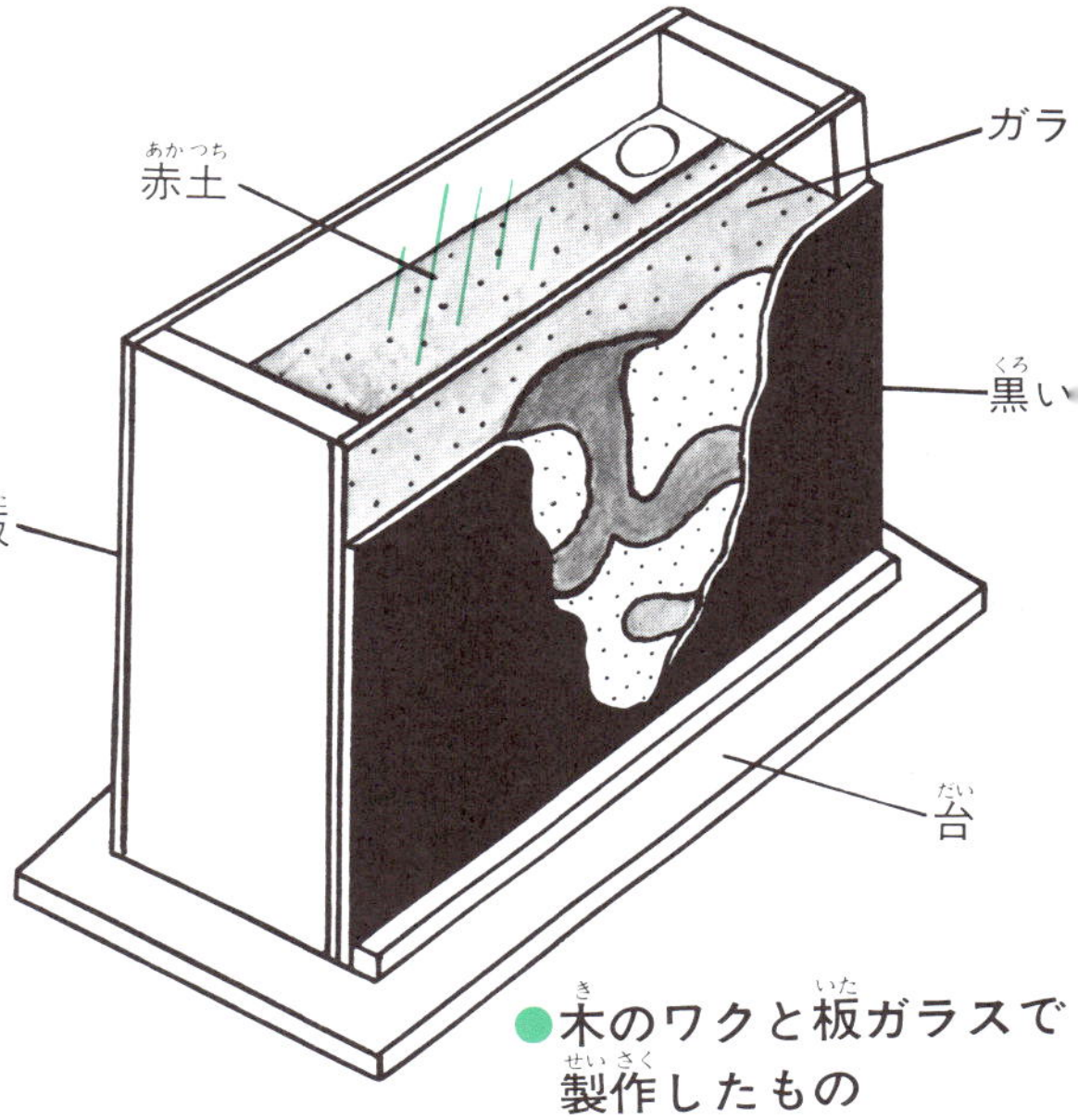

木《き》のワクと板《いた》ガラスで製作《せいさく》したもの

〈ガラスの交換法《こうかんほう》〉
きれいなガラスを矢《や》じるしのほうへおして，よごれたガラスをおし出す。

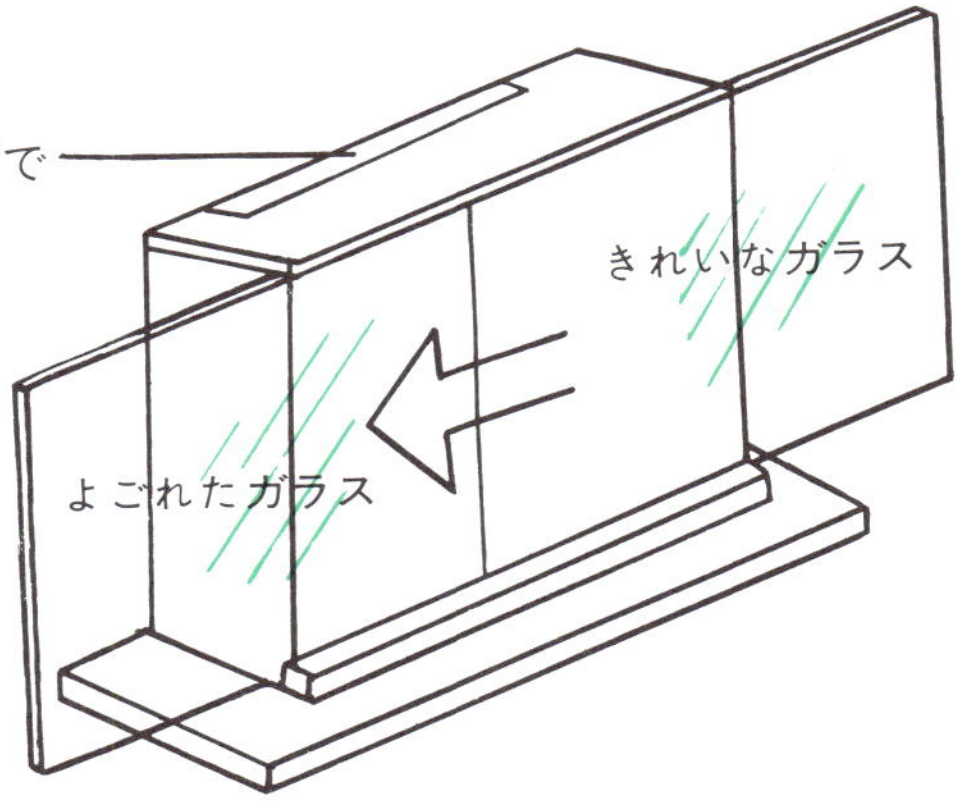
セロハンテープで
ふたをとめる。

飼育《しいく》に必要《ひつよう》な道具《どうぐ》
① ピンセット
② スポイト

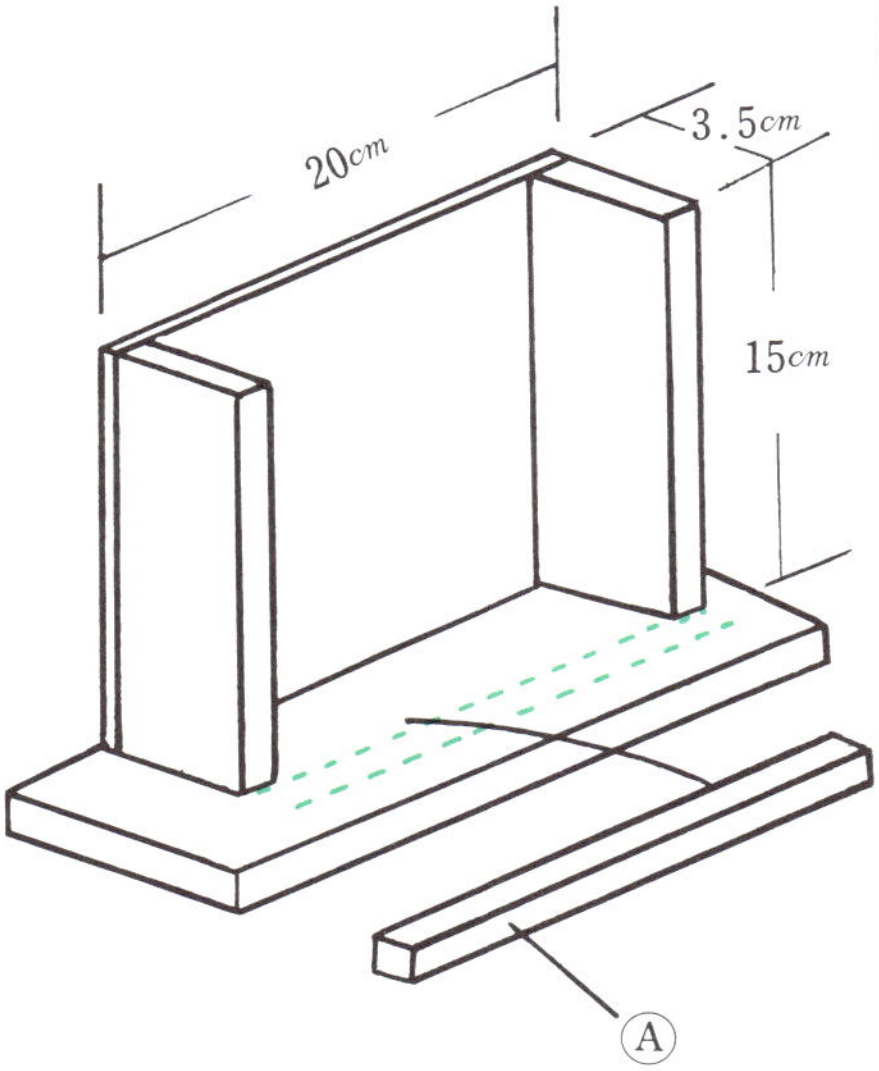

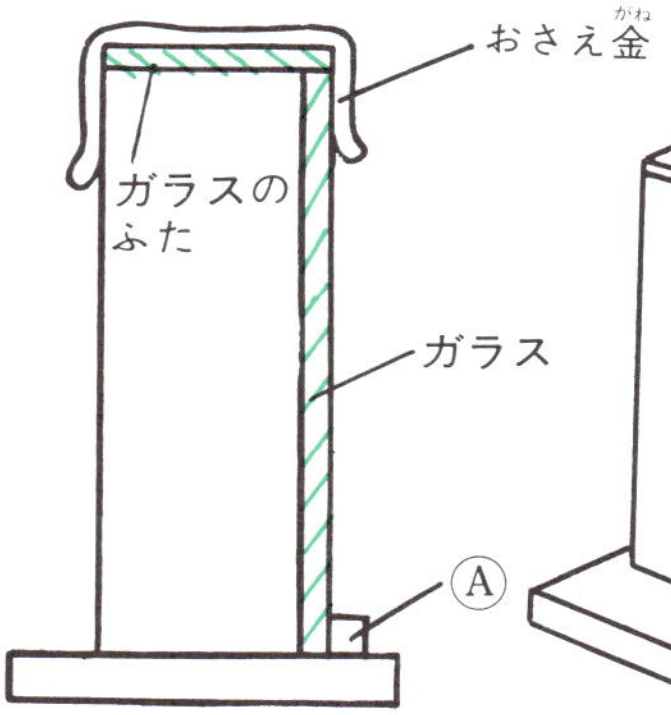

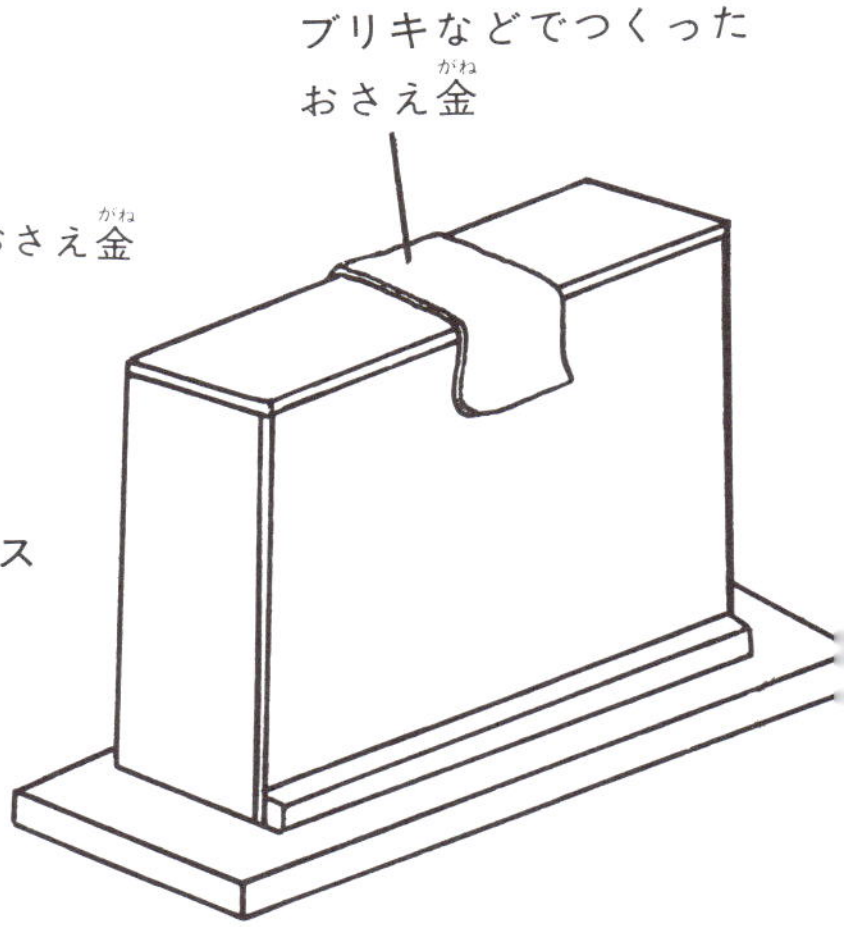

あとがき

アリは、ほかの虫《むし》にくらべて小さくて地味《じみ》なので、あまりめだちませんが、いつも近《ちか》くにいるために、むかしからもっとも親《した》しまれてきた虫《むし》のひとつです。にもかかわらず、アリは害虫《がいちゅう》ではないかといわれることがあります。それはちがいます。さすアリもなかにはいますが、ほんの一部《いちぶ》のアリで、いたずらをしたり、いじめなければ、けっしてアリのほうからさしたりはしません。

それよりも、わたしたちの身《み》のまわりから、虫《むし》の死《し》がいや、くさるようなゴミをかたづけてくれる役目《やくめ》のほうが、はるかに大《おお》きいのです。

わたしはこの本《ほん》の主人公《しゅじんこう》のクロオオアリの撮影《さつえい》をしていて、ものすごく感心《かんしん》したことがあります。それはほかの昆虫《こんちゅう》のほとんどが、たまごをうみっぱなしにしますが、クロオオアリの女王《じょおう》アリは、おなかからたまごが半分《はんぶん》でてくると、大《おお》あごでそれをとてもだいじそうにくわえとって、そっと巣《す》の床《ゆか》におきます。また、働《はたら》きアリが生《う》まれてくるときも、それがまちどおしいように、いそがしくまゆをやぶって、中《なか》からやさしくだしてやります。このようすをみたとき、わたしは、こんな小さな生《い》きものが、ほかの大《おお》きな動物《どうぶつ》たちのお母《かあ》さんと同《おな》じようなやさしさをもっていることに、たいへんなおどろきを感《かん》じました。

この本《ほん》の写真《しゃしん》を写《うつ》すためにつきあってくれたたくさんのアリたちと、協力《きょうりょく》してくださった人《ひと》びとに、この場《ば》をかりてお礼《れい》をもうしあげます。

栗林《くりばやし》　慧《さとし》

（一九七一年三月）

NDC486
栗林　慧
科学のアルバム 虫2
アリの世界

あかね書房 2005
54P　23×19cm

科学のアルバム
アリの世界

一九七一年三月初版
一九九七年四月改訂版
二〇〇五年 四 月新装版第 一 刷
二〇二五年一〇月新装版第一六刷

著者　栗林　慧
発行者　岡本光晴
発行所　株式会社 あかね書房
〒一〇一－〇〇六五
東京都千代田区西神田三－二－一
電話〇三－三二六三－〇六四一（代表）
https://www.akaneshobo.co.jp
印刷所　株式会社 精興社
写植所　株式会社 グラフト
製本所　株式会社 難波製本

ISBN978-4-251-03307-9
定価は裏表紙に表示してあります。
落丁本・乱丁本はおとりかえいたします。

○表紙写真
・蜜《みつ》をさがすクロオオアリ
○裏表紙写真（上から）
・クロオオアリの大《おお》あご
・顔《かお》のそうじをするクロオオアリ
・ミツバチを運《はこ》ぶクロオオアリ
○扉写真
・ススキのたねを運《はこ》ぶクロナガアリ
○目次写真
・アブラムシ（アリマキ）牧場《ぼくじょう》の
クロオオアリ

科学のアルバム

全国学校図書館協議会選定図書・基本図書
サンケイ児童出版文化賞大賞受賞

虫

- モンシロチョウ
- アリの世界
- カブトムシ
- アカトンボの一生
- セミの一生
- アゲハチョウ
- ミツバチのふしぎ
- トノサマバッタ
- クモのひみつ
- カマキリのかんさつ
- 鳴く虫の世界
- カイコ まゆからまゆまで
- テントウムシ
- クワガタムシ
- ホタル 光のひみつ
- 高山チョウのくらし
- 昆虫のふしぎ 色と形のひみつ
- ギフチョウ
- 水生昆虫のひみつ

植物

- アサガオ たねからたねまで
- 食虫植物のひみつ
- ヒマワリのかんさつ
- イネの一生
- 高山植物の一年
- サクラの一年
- ヘチマのかんさつ
- サボテンのふしぎ
- キノコの世界
- たねのゆくえ
- コケの世界
- ジャガイモ
- 植物は動いている
- 水草のひみつ
- 紅葉のふしぎ
- ムギの一生
- ドングリ
- 花の色のふしぎ

動物・鳥

- カエルのたんじょう
- カニのくらし
- ツバメのくらし
- サンゴ礁の世界
- たまごのひみつ
- カタツムリ
- モリアオガエル
- フクロウ
- シカのくらし
- カラスのくらし
- ヘビとトカゲ
- キツツキの森
- 森のキタキツネ
- サケのたんじょう
- コウモリ
- ハヤブサの四季
- カメのくらし
- メダカのくらし
- ヤマネのくらし
- ヤドカリ

天文・地学

- 月をみよう
- 雲と天気
- 星の一生
- きょうりゅう
- 太陽のふしぎ
- 星座をさがそう
- 惑星をみよう
- しょうにゅうどう探検
- 雪の一生
- 火山は生きている
- 水 めぐる水のひみつ
- 塩 海からきた宝石
- 氷の世界
- 鉱物 地底からのたより
- 砂漠の世界
- 流れ星・隕石